SUDOKU

100 PUZZLES WITH SOLUTIONS

EASY LEVEL **BOOK 3**

ISBN: 9781693660597
Copyright © 2019 Tim Bird.

A standard Sudoku puzzle consists of a grid of 9 blocks. Each block contains 9 boxes arranged in 3 rows and 3 columns.

Column   Block   Box

8	4	1	7	9	6		3	2
			2	5	4	8	1	
6	2	5	3	1		9	4	7
2		8		3	7	4	5	1
3		7	4	8		2	6	9
	5	6	9		1			8
5							2	3
1	6	3	8	4	2	7	9	5
9	7	2	5	6	3	1	8	4

— Row

The Basic Rules of Sudoku:

- There's only one solution to a Sudoku puzzle. A puzzle is considered solved when all 81 boxes contain numbers by following the Sudoku rules.
- When you start a game of Sudoku some blocks already have numbers (fewer number make a harder puzzle). These numbers cannot be changed.
- Each column must contain every number from 1 to 9 and no two numbers in the same column can be duplicated.
- Each row must contain every number from 1 to 9 and no two numbers in the same row can be duplicated.
- Each block must contain every number from 1 to 9 and no two numbers in the same block can be duplicated.

Here's the solved puzzle:

8	4	1	7	9	6	5	3	2
7	3	9	2	5	4	8	1	6
6	2	5	3	1	8	9	4	7
2	9	8	6	3	7	4	5	1
3	1	7	4	8	5	2	6	9
4	5	6	9	2	1	3	7	8
5	8	4	1	7	9	6	2	3
1	6	3	8	4	2	7	9	5
9	7	2	5	6	3	1	8	4

Puzzle 1

6	3	7	4	2	1	9	8	
1		5	3	8	9	2	7	
2		9	5	7	6			1
9	6	4	2	3	5	7		8
	2		6	1	7	5	9	4
7	5	1	8	9	4		2	3
4		3		6	8	1	5	2
8		6		5	2			
5		2			3	8	6	

Puzzle 2

4	7	3	9	8	5	2	1	6
5	6	8	1	2	4	3	7	9
	2		7	3	6	4	5	8
	4	5	2		9		8	3
3	8		4	5		6	9	2
		2	3				4	5
	5		6	4	2	8	3	1
2		4	8	9		5	6	7
8		6	5			9	2	4

Puzzle 3

9	8	3	1	4	7	2	6	5
2	6	1	8	5	9	3		7
4	7	5	2			9	1	8
	2	6	3	9		4	7	1
7		4	6	2			9	3
		9	4	7		6	5	
		7	9	8	4	1	2	6
1	9	2		6	3	7	8	
6			7	1	2	5	3	9

Puzzle 4

1	4	8	9	3	6	7	5	2
2	6	3	1	5	7		8	9
9	7	5	8	2	4	3	6	
7		9	2	1	8	6	4	5
8		6	4			2		
			6			8		
			3			9	7	8
6	9	7	5	8	2	1	3	4
3	8	1	7	4	9	5	2	6

Puzzle 5

7	1	2	5	8		4	9	
6	8	3	7	9	4	2		
	5	4	3	2	1	6	7	8
4	9	8		3	2		6	5
2				5		3		9
5	3	6	4	7	9	8	1	2
8	6	5		4		1		7
1	2	9	8	6	7	5		
3			2	1	5	9	8	6

Puzzle 6

4	8	5	9	6		1	3	2
	6		8	3	4	7		
3		7	5	2	1			8
7	1	3	2	4	9	5	8	6
8	2	4	7	5	6	9	1	3
9	5		3	1	8	2	7	4
			6	7		8		9
		9	1	8				7
6	7	8	4	9		3	5	1

Puzzle 7

6	4	1	5	8	9	7	3	2
9	7	8		6	3	5	1	4
	5	3	7			9	6	8
4	3	9	8	7	6	1		
5		2	3	9		6		7
				5	2	3		
8	9	4	6	3	5		7	1
3		5			7	8	9	6
1	6	7	9	2	8	4	5	3

Puzzle 8

	9	3		5	4		7	6
1	8	6	9	3	7	4	2	5
4	5	7		6	2			
	4	2	6		9	7		
7	6		5	4	1	2		
5	1		2	7	3		6	4
6	3	1	7	9	8	5	4	2
8	7	4	3	2	5	6		9
9	2	5	4	1	6	3	8	7

Puzzle 9

			8	4	6	2	7	1
8	7	6	5	2	1	3	4	9
1	2	4	3	7	9		6	5
	4	3		8	5	6	1	
				1	3	4	8	
2	1	8	4	6	7	5	9	3
3		1	6		8	7	2	4
		2	7		4	1	3	8
4	8	7	1	3	2	9	5	6

Puzzle 10

1	2	7			9	8		5
9	3	4			8	1		2
	5	8		1	2	9		4
2	7	5	9	8	1	6	4	3
3	8	9	2	6	4	5	1	7
4	6	1	5	7	3	2		
5		3		2	6	7		
7		6		9	5	3	2	
8	9	2	1	3	7	4	5	6

Puzzle 11

3	4		8	7	6	2	5	1
5	6	1		2	9	7	3	8
	2	8			1	4	6	9
4	8	5		3		1	9	6
2	9	6	1	8		3		
1	3	7	9	6	4	5	8	2
9	5		6	1	7	8		3
8	1		5	9	3	6		
			2	4	8	9	1	5

Puzzle 12

6	9		4	1	7	8	2	3
2	7	8			6	1	4	9
4	1	3	2	9	8		7	
1	3	7	6	2	5	9	8	
5	8		7	4	9		3	1
			1		3			7
8			9	7	1	3		
7	6	1			2	4	9	8
3	5	9	8	6	4	7	1	2

Puzzle 13

6		2		5		9	3	1
1	3	5	2	6	9		8	7
9	4	8	1	7	3	5	6	2
2	5	6		8	1		4	9
	9	1	6	4	5		2	8
	8	4			2	6	1	5
4	6	9		2		1		3
8	1	7			6	2		4
5	2	3		1		8		6

Puzzle 14

4	1	6	3	9	2	5	8	7
		7	8	1	6	2	9	4
9		2	7	5	4	1	6	3
	3	9	5		1	4	7	
	2	4	6	8	7	3	5	
7	6		4	3	9			
	4		9	6	5	7	3	
6	7	3	2	4		9	1	5
5	9		1				4	2

Puzzle 15

8	9	1	2	3	6	4		
3		6	7	9	5	1	8	2
7	2	5	8	4	1			
	6	9	1	7	3	8		4
4	8		5	2	9		6	1
			4	6	8	9		
	7	8	9	5	4	2	1	3
9	3	2	6	1	7	5	4	8
		4	3	8	2			

Puzzle 16

4	6	2			5		8	
8	7		2	1	6	5	9	4
1	9	5	8			6	2	
7	1	8	6	5			3	2
2		6					5	
3	5	9		2	1		6	8
9	8	7	1	6	2	3	4	5
6	3	4	5	7	8	2	1	9
5	2	1				8	7	6

Puzzle 17

1	6	8	4	3	5	7	9	2
2	5	9	6	1	7	3	4	8
		3	8	9	2	1	5	6
9	1	4	2	8	6	5	7	3
8			3	5	9		1	4
5	3	6	1	7	4	8	2	9
			6	8		3		
6			2	3		8		
3	8			4	1		6	5

Puzzle 18

1	4	7	8	5	9	6		2
3	8	5	2	6	1	4	9	7
6	9	2	3	4	7	8	1	5
			4	2	8	3	5	1
4	3	8		9		2		
5	2	1	6	7	3			
	5	3		1	4			
				8	2	1	4	3
8	1	4	7	3	6	5	2	9

Puzzle 19

9	4		8	2	7	3	6	1
2	1	3	5	6	9	7	4	8
6	7	8	3	4	1	9		
4	3	1	2	9		8	7	
5	8	6	7		3	2	9	4
7	9	2	4	8		1		
1	6		9	7	8	5		
3	2		1	5	4	6	8	9
8					2	4	1	7

Puzzle 20

7	4	1	5	6		2	9	8
9	5	3	8	2	4	1	6	
	2	6	1	9	7	4	5	3
6	8	4	7	5	2	9	3	1
	3			1	6	8		
			3	4	8	6	7	5
3		5	2	8		7	1	4
		8		7	5	3	2	
	7			3	1	5	8	

Puzzle 21

1	4	7	8	3	5	6	2	9
6	5	3	7	2	9	1	4	8
8	9	2	1	4	6	7	3	5
9	2	1	4	6	3	5	8	7
5	8	4	2	9	7	3		
7	3	6	5			4		2
2	1		6	7	4		5	3
4			3					
3			9					4

Puzzle 22

7	2	4		3		5	1	6
3	9	5	7	1	6	4	8	2
1	6	8	2	4	5	3		7
4	7	2			3		6	5
6		9	5	2			4	3
5		3	6		4		2	9
2	5					6	3	4
9	3		4	6		2	5	8
8	4	6	3	5	2	9	7	1

Puzzle 23

3	4	8	9	2	6	5	1	7
		2	1	3			4	9
9	6		5	4	7		8	
1	2	7	8	9	3	4	5	6
8	9	4	6	7	5		3	
6	3	5	4	1	2	9	7	8
2		3	7	5	9		6	4
		6	2	8			9	
		9	3	6			2	5

Puzzle 24

		3	4	7	8	1		6
6		1	2	3	5		9	
		8	9	6		3	4	
	2	9	8	1	7	6		
8	6	7	5	2	3	4	1	9
1	3	5	6	9				
9	8		1	4	6	5		
7	1	6	3	5	9	2	8	4
3	5	4	7	8	2	9	6	1

Puzzle 25

		6	4	2	1	5	3	8
3	1	4				7	9	2
8	5	2	7	9	3	4	1	6
6		5	2	1	9	8		4
2	8	1	3	4	7		6	5
		7	8	5	6	3	2	1
1		8	9	3		6		7
5	6	3	1	7	4	2	8	9
		9				1		3

Puzzle 26

9	5	8	2	3	6	7	4	
1	3	2		4		6	8	
7	4	6	8	1		2		3
6	9	1		7	3	4	2	8
5	8	4	6	9	2	1	3	
2	7	3	1	8	4		6	
8	6	5	9	2	1	3	7	4
3	1	7	4		8			
			3	5	7	8	1	6

Puzzle 27

9	2			7		1	8	3
7	4	5	8	1	3	2	6	9
	3	8	9	2	6			4
6	8	3	2	4	9	5	7	1
4	5	7	1	6	8	9	3	2
2	9	1	3	5	7	8	4	6
	6	4		9	1	3	2	
	7	9			2		1	
	1	2					9	

Puzzle 28

	4		8	9	6	1	5	3
5	1	6	3	7	2	8		
8	9	3	4			2	6	7
1	7	4	9				2	8
9		8	2	6	4	7	1	5
2	6	5	1	8	7	4	3	9
	8	1		4	9	5	7	2
4	2	7	5			9	8	6
	5	9	7	2				

Puzzle 29

	3	7		9	8		4	
6	1			4		9		7
	4			7	6	5		
	2		6	3	7	4	1	5
1	7	6	8	5		3	2	9
4	5	3	9	1	2	8	7	6
7	6	4	5	2	3	1		8
3	8	1	7	6	9	2	5	4
2	9	5	4	8	1	7	6	3

Puzzle 30

5		8		2		7	4	1
	2		7	1		5		8
	1	7		8		2		9
2	6		1	3		8	7	4
3	7	1	8	4	2	6	9	5
8	4			7		3	1	
			2	6	8	1	5	7
7	5		3	9	1	4	8	6
1	8	6	4	5	7	9	2	3

Puzzle 31

9	7	6	1	3	8	5	4	2
		4	5	7	6	9	3	1
5	1	3	9	4	2	7	6	8
4	3				1	8	5	7
7	5	1	4	8	9	6	2	3
	6		3	5	7	4	1	9
1	9				5	3		4
3		5		9				
6	4			1	3	2	9	5

Puzzle 32

9	3	5		7				2
	8	6	9	2	3	1	4	5
2	4	1	5	8		3	9	7
6		3	8	4		9	2	1
1	9	8		6	5		7	3
4	7	2	1	3	9	5	6	8
3	6		7	5	2	8	1	4
5	2	4		1	8		3	9
8	1		3					

Puzzle 33

7	1	3		5		8	9	2
6	4	8	2	1	9	7	3	5
2	9	5	8	7	3	1	4	6
		4				6		1
	8	1		6	2	4	7	9
		6		4		3		8
1	3	7		9		2	8	4
8	5	2		3			6	7
4	6	9	7	2	8	5	1	3

Puzzle 34

	9	2	7	1	4	6	5	8
6	1	7		5		9	2	4
4	5	8	6		2	3	7	1
2	3	1	4	6	5	7		
7	4	6	2	8	9	1	3	5
	8	9	1	7		2		6
9		4	5				6	
	2	3	8	4	6	5	9	7
8	6	5	9		7	4	1	

Puzzle 35

	6	7	9		8	2	5	4
5		2	4	6	7	3	9	1
	9	4	2		5	8	6	7
2		6	3	8	9	7	4	5
8	5	9	7			6	1	3
7	4	3	1	5	6	9	2	8
9	3	5	8	2	1	4		6
4	2	1		7	3	5	8	
6	7							2

Puzzle 36

6		5	2			4	7	3
		3	7	4	5			
4		7	3		6		2	
3	4	2	5	7	9			
9	5		1	6	4	7	3	2
7	6	1	8	3	2	9	5	4
8	3	6	9	5	7	2	4	1
1	7		4	2	3		8	
5	2	4	6			3	9	7

Puzzle 37

6	5	3	2	8	7	4	1	9
9	8	7	4	1			2	6
4	1	2		9	5	8		
1			8		9	6		
7	6		3	4	2	1	9	
8	3	9	5	6	1	7	4	2
2	7	6	9	5	4		8	
3	4	8	1	2	6	9		
5		1	7	3	8	2	6	4

Puzzle 38

6	7	1	3	4	2	9	8	5
5	4	9	8	1	6	7	3	2
8	3	2	7	5	9		1	4
2		7	5	6			9	3
	5	6		3				
4		3		9		5		6
3	9	5	6	2	1			
7	2	4	9	8	5	3	6	
1	6	8	4	7	3	2	5	9

Puzzle 39

7		8	2	1	6		4	
3	2	6	4	5		1	9	8
5	1		3	9	8	6	7	2
6	4		7	8		2		9
1	7	9	6		5			4
8		2	9	4	3	7	1	6
2	8	7		3	4	9		1
4	6	1	8	7	9	3	2	5
	3	5		6		4	8	7

Puzzle 40

2		6	1	9	7	8	4	3
1	4	8		5		6	7	
	7		6	4	8		5	2
7	2	4		1	5	9	3	6
				2	6	5		7
6	8	5	7	3	9	4	2	1
8				7	4	3	6	5
5	6			8		7	1	4
4	3	7	5	6	1	2	9	8

Puzzle 41

4	5		3	8	6	9	7	2
6		2	1	7		5	3	8
3	7	8	9	5	2	1	4	6
	2	4		6			1	7
5	8	7	4	2	1		6	9
1	3	6	7	9	8	2	5	4
2	1	3	6		9		8	5
7	4	9	8			6		
8			2		7	4	9	1

Puzzle 42

4	3	8	1	5		2	6	
	5	9	6	7	2	4		8
7	6	2	8	4		9	1	
8	7	3	5	2		1		9
5		6	9	3	1	8	7	2
	2	1	4	8			5	3
2	8	5	3	6	4	7	9	1
3	1	4	7	9	8			6
				1	5	3	8	4

Puzzle 43

7	4	5	1	6	9	8	3	
8	2	6	3	4	7			
3	9	1	8	5	2		7	6
6	8	9	4	1	3			7
1	3	7	2	9	5	6	8	4
2	5	4	7	8	6	1	9	3
5		3	9	2		7		
9	7		6	3				
4			5	7		3		9

Puzzle 44

1		9	3	8		5	4	2
2	8				1	3		9
3			9		2	1	8	7
4			2	3	8	9	1	6
6		2	1	4	9	7	5	8
9	1	8	5			2		4
5	2	3	8		4			1
7	4	1	6	2	5	8	9	3
8	9	6	7	1	3	4	2	5

Puzzle 45

9	6	3	7		1	2	5	
1		2		6	3	7		
4		7		9	2	1	6	3
5	7	1			6	9		2
2	9	4		1	5	6		7
8	3	6	2	7	9	5		
6	2	9	1	3	8	4	7	5
3	4	5	6	2	7	8		
7	1	8	9	5	4	3	2	6

Puzzle 46

4	8	3	5	9	7	1	6	2
9	7	5	1	2	6	3	8	4
1	6	2	3	8	4	5	7	9
5	3	4		1		7	2	6
2	9	8	6	7	5	4	1	3
6	1	7	2	4	3	8	9	5
3	4			6			5	
	2		4	5			3	
	5			3			4	

Puzzle 47

1	3	7	5	2	6	9	8	4
		8			4			5
5	4	6	9	3	8	2	1	7
		5		4	7	8	2	1
7	8	2	6	5	1	3	4	9
4	1	3	2	8	9	5		6
		4	8	1		7	9	3
3			7	9		4	6	
	7	9	4	6		1		

Puzzle 48

3	5	2	6	8		1	9	4
1		7		4	5	8	2	3
4	8	9	1	3	2		7	
	9	5	3		1	7	4	
6	1	4	7	5	8	2	3	9
	7	3					1	
	3		8	9	6	4		2
5				7	3	9	8	1
9	2	8	5	1	4	3	6	7

Puzzle 49

4	6	2			8	7	5	9
7	3	1			5	4	2	8
9	5	8	2	7	4	6	1	
5		6		7				2
2	1	7		6				4
8		3		2			7	
1	2	4	8	5	3	9	6	7
3	7	5	6	2	9	8	4	
6	8	9	7	4	1	2	3	5

Puzzle 50

9	1		3	8	2	4	7	6
	3	4	5	6	7		1	8
	8	7	1	4		2	3	5
1	6	9		5		7	8	4
	4	2	7	9	6	3	5	
7	5		4			6		9
4	2	1	9	3	5	8	6	7
3			6	7		5	4	2
5		6	8	2	4	1	9	3

Puzzle 51

2	1	9	6			8	5	
6	8	3	7	5		9	1	4
4	5	7	8			2	3	6
1	6	5	4			7	2	3
8	7	4	3	2	5	6		1
9	3	2	1	7	6	4	8	5
5		6				1	7	8
7			5	6		3	4	9
3	4		9		7	5	6	2

Puzzle 52

2	3	8			1	7	4	6
7	9	1	6	4	8		2	
6		4	2	3	7	8	9	1
3	2	7				1		
1	6	9	7	2			8	
8	4	5	1	6		2	7	
5	8	6	4	1	2	9	3	7
9	1	2	3	7	6	4	5	8
4	7	3				6	1	2

Puzzle 53

2	7	3	8			4	9	5
8		9	4	3	7	1	6	2
4	1	6	9	5	2	3	7	8
	3	4	1	9	8	6	2	7
7	2	8	6	4	5		3	1
9	6	1	7	2	3	5	8	4
		2	3	8		7	5	
3			2	7			1	
		7			9	2	4	3

Puzzle 54

5	1	6	4	7			3	9
	3			1			7	5
	2	7	9	5				1
2	4	5	7	6	1	3		8
	6	8	3	9	4	5	2	7
7	9	3		2		6	1	4
	8		2	3	7	1	5	6
3	7	1		8		9	4	2
6	5	2	1	4	9	7	8	3

Puzzle 55

		3	4	5	1	7	9	8
8	4	9		7	6	5	2	
	7	1	9	2	8			4
4	9	8	2	6	3	1	7	5
1	3	6	5	9	7	8	4	2
	2	5	8	1	4			9
6		4		3	2			
		7		4	5	2	1	3
3	1	2	7	8	9	4	5	6

Puzzle 56

	4	6		5		1	7	
	1	5	6	7				
7	8	3		1	4	5		
6	5	8	1	9	3	4	2	7
4	2	7	5	8	6	3		1
3	9		7	4	2	6	8	5
5	6	4	9	3	7		1	
8		2	4	6	1	9	5	3
1	3		8	2	5	7	4	6

Puzzle 57

9	6		2	7		3	5	1
	5		3	1				
1	3			5			8	2
	4		6	9	5	8	1	3
6	1	5	8	2	3			
3	8		7	4	1	5	2	6
5	9	3	1	6	2	4	7	8
4		6	5	8	7	1	3	9
8	7	1		3		2	6	5

Puzzle 58

9	3	7	5	4	1	2	8	6
	4	2	9	6	8	3	5	7
5	8	6	2	7	3	4	9	1
6								3
			6					5
2			3			6		8
8	6	9	1	2	5	7	3	4
4	5	3	7	9	6	8	1	2
	2	1	8	3	4	5	6	9

Puzzle 59

4	8	3		2	5	9	1	7
2	5	7	8	9		4	3	6
1		9	7	4	3	8	5	2
9	2	5		7		3	8	
7	1	4	3		2		6	9
6				5		2	7	1
8			2	3	7	1		5
5	7	2		1	8	6		3
3		1	5	6		7	2	8

Puzzle 60

8		1	4	2	7	3		
3	7	4	5		9	1	2	
9		2	1		3			4
7	3		6	4		2	9	5
2	9	6	3	5	8	4	1	7
1	4	5	7	9	2		3	
5	2	3	8	7	6	9	4	
4	1	7	9	3	5			
6	8		2	1	4			3

Puzzle 61

9		2		8		5	3	1
4	5	7	9	3	1	8	2	6
		1	6	5	2	4	9	
1	3	5	8	2	9	7	6	4
	9	4	5	7	6		1	
	7	6		4	3	9	8	5
5	1	9		6	8	3		2
6	4	3	2	9		1		8
7	2	8	3	1		6		9

Puzzle 62

4		8	5	6	7		1	2
1	6		8	4	9		3	5
	7	5	1	2		6	8	4
	5	7	2	9	1	4	6	3
6		1	3	7		5	2	8
2		3	6	5	8	1		
7	2				6	3	5	1
5	1	9	7	3	2	8	4	6
3	8	6	4	1	5	2		

Puzzle 63

1	9	8	2	6	5	7	3	4
7	4	3	1	9	8	2	6	5
6	5	2	7	4	3			1
2	1	9		8	7	6	4	3
		7		1	2			9
		5		3	9	1	2	7
	7	1	3	2	6	4		8
	2	4	8	5	1		7	6
		6	9	7	4		1	2

Puzzle 64

1	5		8	6	2	7	3	4
4			9	1				2
2			4			9		1
6	2	4	1	3	9			7
7	3	5	2	8		4	1	9
8	9	1	7		5	3	2	
5	6	7	3	9	1		4	8
		2	6	7	8	1	9	5
9	1	8	5	2	4	6		

Puzzle 65

3	1	6	2	7	8	4	5	9
5	4	7				8	6	2
9	8	2	5	4	6	1	3	7
8	7	5	1	3	9	6	2	4
4	3	1	6	5	2	9	7	8
2	6	9	7	8	4	5	1	3
6		3	4		5	7	8	1
1					7			
7								

Puzzle 66

7		2	3	1	8	5	6	4
1	5	3	9	4	6	7	8	2
8		4		7			1	
9	7	8	6	3	4	2	5	
2		6	8	5	9	4	3	7
4	3		1		7	8	9	6
6		7	5	9		1	2	8
5		1		6	2			9
3	2	9		8	1	6		5

Puzzle 67

3	5	9	6	8	1	4	2	
6	4	1	7	3		5	9	8
8	7	2		9		6	1	3
9	2			7		1	5	6
1	6		2	5		3	7	9
5	3	7	1	6	9	2	8	4
2	1		8		7	9		5
4	8		9	1				2
7	9			2		8	4	1

Puzzle 68

2		5	7	6	1		8	9
	9	7				5		6
4	6	8		9	2	3	1	7
6	2			7		1	5	
7	8	1	2		5	6		
9			6	1		2	7	
3	1	2	9	8	6	7	4	5
5	7		4	2	3	8	6	1
8	4	6	1	5	7	9	3	2

Puzzle 69

1		9	5	8				2
8		5		2		1	9	
6		2	9	1			8	
5	2	4	3	6	1	8	7	9
7	6	3	8	9	5	4	2	1
9	1	8	7	4	2			
3	9	1		7		2	5	8
2	5	6	1	3	8	9	4	7
4	8	7	2	5	9	3	1	6

Puzzle 70

3	9	6		7	2	5	1	4
1	2	8			4	6		7
	4	5	3	6	1		8	2
6	8			3	5	4	2	
5		4	9	2		1		8
2	7		1	4		3	5	
4	6	3	2		7		9	5
8	1	7	4	5	9	2	6	3
9	5	2	6	8	3	7	4	1

Puzzle 71

7	4	1	6	2	9		5	
9	5	3	8	1	7			2
2	8	6	5	4	3		1	7
4	6	5	3	8	1			9
8	1	7	9	6	2	5	3	4
3	9	2	4	7	5	1	8	6
6	7			5		9		
1	3			9	6			5
5	2	9		3				

Puzzle 72

5	7	2	8	6	1		4	3
3	6	4	9	2	5	1	8	7
9		8	7	3	4	5	2	
2	5	7	1	8	3	4	6	9
	8	9		4	7		1	5
	4	3	6	5	9	2		8
	2						5	
	3		5	7	2		9	
7	9	5	4	1			3	2

Puzzle 73

1	8	5	4	3	7	2	9	6
3		2				1	4	7
4	7	9		1	2	5	8	3
2	5	1	3	9		8	7	4
7	9			4		3	1	2
	4	3	2	7	1	6		9
9		8	7	6	3	4	2	5
6	2				4	9	3	8
5	3	4		2		7	6	1

Puzzle 74

3	2	6		7	5		9	
4	5	9	3	1	6		8	2
	1			9	4	3	5	6
9		2	4		1	6	3	8
5	4		6	8		2	7	
8	6		7	2			4	5
1	9	7	5	4	2	8	6	3
6	8	5	1	3	7		2	
2	3	4	9	6	8	5	1	7

Puzzle 75

			6	8			2	4
4	1		7		2		8	9
	8	2	9	4			6	5
9		4	8	1	7	5	3	6
1	6	8	5	3	4	2	9	7
5	7	3	2	6	9		1	8
	4				8	9	5	3
2	3	5	4	9	6	8	7	1
8	9	1	3	7	5	6	4	2

Puzzle 76

2				9		3		6
4			6	2		7		9
		6		1	3	2		5
	9	3		6		8	2	4
8	2	7	9	4	1	5	6	3
6	5	4	3	8	2	9	7	1
7	4	2	1	5	9	6	3	8
3	6	9	8	7	4	1	5	2
5			2	3	6	4	9	7

Puzzle 77

9	5	8	7	6		1	4	2
6	2	3	4	9	1			7
	1	4	8	2	5	9	3	6
	3			4	2	7		
2	4			8	7			3
	7	6	3	5	9	2		4
5	9	7	2	3	4			
4	8	2	5	1	6	3	7	9
3	6		9	7	8		2	

Puzzle 78

	6		5	2			4	
3	4	9	1	7	8	2	6	5
5		2	4	6		8		
9	5	6	8	3	7	4	1	2
4	2	3	6	9	1	7	5	8
			2	4	5			
2		7	9	1	6	5	8	4
1	8	4	3	5	2	6		
6	9	5	7	8	4	1	2	3

Puzzle 79

8	9	3	1	6		2	4	5
1	4		5	9	8	3	6	7
		7	4	2	3	8	1	9
		8	7		6	5	9	4
4	7	1		3	5	6		2
		9	8	4	2		7	3
7		6		5	9	4		8
	8	4		7	1	9	5	6
9		5	6	8	4	7		1

Puzzle 80

		4		5		2		
3	7	1	4	2	8	5	9	6
5	9	2	6	1	3	4	8	7
4	2		8		6	7		
7	1	9	3	4	5	8		2
			1	7	2	9	4	
1	5	8	7	3	9	6	2	4
	3	7	2	6	4	1	5	8
2		6			1	3	7	9

Puzzle 81

		1	9		2	6		7
9		6		5	1		2	8
		2			6	1		9
1	5	3	4	6	7	9	8	2
7	6	8	2	9	5			1
2	9	4		1		7	6	5
3	1	9	5	2	4	8	7	6
6	2	7	1			5	9	4
		5	6	7	9	2	1	3

Puzzle 82

7	3	9	8		5	4	1	6
4	8	2	6	1			7	
5	6	1	3	4		9	2	8
1	7		5	6	3		8	
	5	8		9	2	6	4	7
2		6	4	7	8	1	3	5
9	4	3		8	6	7	5	1
		7	9	5		3	6	
6		5	7	3		8	9	

Puzzle 83

2	4	8	7	5	1	3	6	
6	3	1		2	8	7	4	5
5	7			4	3	1	8	
9	5	7	8	3	2	6	1	4
8	1	6			5	2	7	3
3	2	4	1	7	6	5	9	8
	6		2	8	7	9	5	
1	8	2	5		9	4	3	
7							2	6

Puzzle 84

7	1		2	9		6	5	4
8	9	5	4	6	3	7	1	2
			1	7	5	3	9	8
1			3	5	6	9	8	7
	8	6		4		2	3	1
9	3	7		1	2	5	4	6
		9	5	8	4		7	
3	7	8	9	2	1	4		5
4	5	1		3	7		2	9

Puzzle 85

4	7	1	2	3	8		5	
	2		4	9	6	1	3	7
3	6	9	7	5	1	8	4	2
	4	6	5	2	7		8	
7	5	3	1	8	9	2	6	4
	8	2	6	4	3		7	
6	9	4	3	1	5	7	2	8
2	1		8		4		9	
	3		9		2	4	1	

Puzzle 86

3			2	4	9	6		7
4		7	8		1	2	3	9
	9	5				1	4	8
	2	6	3	9		4	1	5
1	5	3	4	2	7		9	6
8	4	9	5	1	6		7	2
	7	1		8	4		2	3
9	8	2	1	3	5	7	6	4
	3	4			2		8	1

Puzzle 87

9		7	1	3	6	4		5
6	2	3	5	4	8	1	9	7
4	1	5	9	2	7	8		3
1	6	9	2	8	5	7	3	
2		4		9	3	6	1	8
	3	8	6	1	4	2	5	9
8	4	6	3	5		9	7	
5	7	1						
					1	5	8	6

Puzzle 88

4	8	1	7	2	5		6	
3	6	9	4	1	8	2	7	5
7	5	2	9	3	6	1	8	4
			2	5	3	6	1	
5		6		8	9	4		
1	2	3	6	4	7	5	9	8
6		5	8	7	4			
8		4	3			7		
2	3	7			1	8	4	6

Puzzle 89

	3		9	4	1	5	8	2
1	5	8	3	6	2			
4	2	9	8	7		1	6	3
8		1	7	9	3		5	
3		7	2	5	4	8		
2		5		1	8			
		4	1	8	6	3	2	5
5	1	2	4	3	9	6	7	8
6	8	3	5	2	7			1

Puzzle 90

1	3				4	5	7	8
7	4	5	2	8	1	9	6	3
8	6	9	5	3	7	4	2	1
	5	3			8	1		9
	8	6	1		3	7	5	2
	7	1		5		3	8	6
6	1	8			9	2		5
3	2	4	8	1	5		9	7
5	9			2	6	8	1	4

Puzzle 91

5	3	8	6			9		2
4	7	1	2			6	5	3
6	2	9	3	5	4	8	1	7
	8		7		5	4	6	9
7		5	8	4	6	2	3	1
	6	4	9	2				8
2	4		1			3	9	5
8	5	7				1	2	6
9	1	3	5	6	2	7	8	4

Puzzle 92

2	1	8	9	3		6	5	4
6	7	4	5	2	8			
9	5	3	6	4	1	2	7	8
3	4		8	7	6			
7	8	9	1	5		3	4	6
5	6		3	9	4			7
1	2	6	7	8		4		
8	3	5	4	1	9	7	6	2
4	9	7	2	6				1

Puzzle 93

1	5	9	6			2	7	8
	4	2	5		8	1	3	
	8	7	1	9	2	4	6	5
8		1	3	5	7	6	9	4
	7	3	9	8	6	5		
		6	4	2	1	3	8	7
7	1	8	2			9	5	6
2	6	5		1	9	7	4	3
9	3		7	6		8		

Puzzle 94

8	7			6			3	9
	3	4	8	7	9			2
9	2	6	5	3	1	7	8	4
6	9		4	2	8	3		
	4	7	3	9			2	8
3	8	2	7	1		4	9	
2	5	8	1	4	3	9		
4	6	3	9	8	7	2	5	1
7	1	9	6			8	4	3

Puzzle 95

9	2		5		6		7	8
3	5	6	7	8	9	2	4	1
8			2		3		9	6
4	8		3	9	1	6	5	2
5	1		4	6	2	7	8	3
2			8	5	7	4	1	9
7	9	5	6	2		1		
	3		1	7	4	9		5
1	4	2	9	3				

Puzzle 96

6	1		3			4	9	
4	8						6	
9	2	3	7	4	6		5	
		6	5	3	8		7	4
7		4	1		9	6	8	3
2	3	8	4	6		9	1	5
5	7	2	8	9	3	1	4	6
8	6	1	2	5	4	7	3	9
3	4	9	6	7	1	5	2	8

Puzzle 97

8	2		4		1	5	3	6
6	4	5	2	3	8	7		9
1			9	6	5	4		2
4		6	5	8	2	3	7	1
5	3	8	7	1	9	2	6	
	1	2	3	4	6	8	9	5
3	5					1	2	8
9				2		6	5	3
2	6			5	3	9	4	7

Puzzle 98

	1	4	6	5	8	7		3
	2	6	4		9	1	5	8
5	3	8	7			6	9	4
1	6	2		8	3	4	7	
8	9		2		4	3	1	6
4		3		6		2	8	
6	4	9				8	3	7
2		7	3		6	5	4	1
3	5	1	8	4	7	9	6	2

Puzzle 99

1	4		6	3	7			9
3	7	8	9		5	4		6
	2	6			8	5	3	7
5	9		8	6	2		7	3
2	8			7	3	9	6	4
6	3	7	1	9	4	8	5	
		9	7	8	6		2	5
7		3	2	4	1			8
8	6	2	3	5	9	7	4	1

Puzzle 100

5	2	1		6	9		4	8
7	8		4	3	2	1	5	9
9	4	3	5	1	8	7	6	
1	7	2	9	4	6	5	8	
6	5	4	8		3		2	1
8		9	1	2	5		7	6
3		8	2				1	4
		7	6	9	4		3	5
4		5	3	8	1	2	9	7

Solutions

Puzzle 1

6	3	7	4	2	1	9	8	5
1	4	5	3	8	9	2	7	6
2	8	9	5	7	6	3	4	1
9	6	4	2	3	5	7	1	8
3	2	8	6	1	7	5	9	4
7	5	1	8	9	4	6	2	3
4	7	3	9	6	8	1	5	2
8	1	6	7	5	2	4	3	9
5	9	2	1	4	3	8	6	7

Puzzle 2

4	7	3	9	8	5	2	1	6
5	6	8	1	2	4	3	7	9
1	2	9	7	3	6	4	5	8
6	4	5	2	1	9	7	8	3
3	8	1	4	5	7	6	9	2
7	9	2	3	6	8	1	4	5
9	5	7	6	4	2	8	3	1
2	1	4	8	9	3	5	6	7
8	3	6	5	7	1	9	2	4

Puzzle 3

9	8	3	1	4	7	2	6	5
2	6	1	8	5	9	3	4	7
4	7	5	2	3	6	9	1	8
5	2	6	3	9	8	4	7	1
7	1	4	6	2	5	8	9	3
8	3	9	4	7	1	6	5	2
3	5	7	9	8	4	1	2	6
1	9	2	5	6	3	7	8	4
6	4	8	7	1	2	5	3	9

Puzzle 4

1	4	8	9	3	6	7	5	2
2	6	3	1	5	7	4	8	9
9	7	5	8	2	4	3	6	1
7	3	9	2	1	8	6	4	5
8	1	6	4	7	5	2	9	3
4	5	2	6	9	3	8	1	7
5	2	4	3	6	1	9	7	8
6	9	7	5	8	2	1	3	4
3	8	1	7	4	9	5	2	6

Puzzle 5

7	1	2	5	8	6	4	9	3
6	8	3	7	9	4	2	5	1
9	5	4	3	2	1	6	7	8
4	9	8	1	3	2	7	6	5
2	7	1	6	5	8	3	4	9
5	3	6	4	7	9	8	1	2
8	6	5	9	4	3	1	2	7
1	2	9	8	6	7	5	3	4
3	4	7	2	1	5	9	8	6

Puzzle 6

4	8	5	9	6	7	1	3	2
1	6	2	8	3	4	7	9	5
3	9	7	5	2	1	4	6	8
7	1	3	2	4	9	5	8	6
8	2	4	7	5	6	9	1	3
9	5	6	3	1	8	2	7	4
2	3	1	6	7	5	8	4	9
5	4	9	1	8	3	6	2	7
6	7	8	4	9	2	3	5	1

Puzzle 7

6	4	1	5	8	9	7	3	2
9	7	8	2	6	3	5	1	4
2	5	3	7	1	4	9	6	8
4	3	9	8	7	6	1	2	5
5	8	2	3	9	1	6	4	7
7	1	6	4	5	2	3	8	9
8	9	4	6	3	5	2	7	1
3	2	5	1	4	7	8	9	6
1	6	7	9	2	8	4	5	3

Puzzle 8

2	9	3	1	5	4	8	7	6
1	8	6	9	3	7	4	2	5
4	5	7	8	6	2	1	9	3
3	4	2	6	8	9	7	5	1
7	6	9	5	4	1	2	3	8
5	1	8	2	7	3	9	6	4
6	3	1	7	9	8	5	4	2
8	7	4	3	2	5	6	1	9
9	2	5	4	1	6	3	8	7

Puzzle 9

5	3	9	8	4	6	2	7	1
8	7	6	5	2	1	3	4	9
1	2	4	3	7	9	8	6	5
7	4	3	9	8	5	6	1	2
6	9	5	2	1	3	4	8	7
2	1	8	4	6	7	5	9	3
3	5	1	6	9	8	7	2	4
9	6	2	7	5	4	1	3	8
4	8	7	1	3	2	9	5	6

Puzzle 10

1	2	7	3	4	9	8	6	5
9	3	4	6	5	8	1	7	2
6	5	8	7	1	2	9	3	4
2	7	5	9	8	1	6	4	3
3	8	9	2	6	4	5	1	7
4	6	1	5	7	3	2	8	9
5	1	3	4	2	6	7	9	8
7	4	6	8	9	5	3	2	1
8	9	2	1	3	7	4	5	6

Puzzle 11

3	4	9	8	7	6	2	5	1
5	6	1	4	2	9	7	3	8
7	2	8	3	5	1	4	6	9
4	8	5	7	3	2	1	9	6
2	9	6	1	8	5	3	4	7
1	3	7	9	6	4	5	8	2
9	5	4	6	1	7	8	2	3
8	1	2	5	9	3	6	7	4
6	7	3	2	4	8	9	1	5

Puzzle 12

6	9	5	4	1	7	8	2	3
2	7	8	3	5	6	1	4	9
4	1	3	2	9	8	5	7	6
1	3	7	6	2	5	9	8	4
5	8	2	7	4	9	6	3	1
9	4	6	1	8	3	2	5	7
8	2	4	9	7	1	3	6	5
7	6	1	5	3	2	4	9	8
3	5	9	8	6	4	7	1	2

Puzzle 13

6	7	2	4	5	8	9	3	1
1	3	5	2	6	9	4	8	7
9	4	8	1	7	3	5	6	2
2	5	6	3	8	1	7	4	9
7	9	1	6	4	5	3	2	8
3	8	4	7	9	2	6	1	5
4	6	9	8	2	7	1	5	3
8	1	7	5	3	6	2	9	4
5	2	3	9	1	4	8	7	6

Puzzle 14

4	1	6	3	9	2	5	8	7
3	5	7	8	1	6	2	9	4
9	8	2	7	5	4	1	6	3
8	3	9	5	2	1	4	7	6
1	2	4	6	8	7	3	5	9
7	6	5	4	3	9	8	2	1
2	4	1	9	6	5	7	3	8
6	7	3	2	4	8	9	1	5
5	9	8	1	7	3	6	4	2

Puzzle 15

8	9	1	2	3	6	4	5	7
3	4	6	7	9	5	1	8	2
7	2	5	8	4	1	3	9	6
5	6	9	1	7	3	8	2	4
4	8	3	5	2	9	7	6	1
2	1	7	4	6	8	9	3	5
6	7	8	9	5	4	2	1	3
9	3	2	6	1	7	5	4	8
1	5	4	3	8	2	6	7	9

Puzzle 16

4	6	2	9	3	5	1	8	7
8	7	3	2	1	6	5	9	4
1	9	5	8	4	7	6	2	3
7	1	8	6	5	4	9	3	2
2	4	6	3	8	9	7	5	1
3	5	9	7	2	1	4	6	8
9	8	7	1	6	2	3	4	5
6	3	4	5	7	8	2	1	9
5	2	1	4	9	3	8	7	6

Puzzle 17

1	6	8	4	3	5	7	9	2
2	5	9	6	1	7	3	4	8
4	7	3	8	9	2	1	5	6
9	1	4	2	8	6	5	7	3
8	2	7	3	5	9	6	1	4
5	3	6	1	7	4	8	2	9
7	4	5	9	6	8	2	3	1
6	9	1	5	2	3	4	8	7
3	8	2	7	4	1	9	6	5

Puzzle 18

1	4	7	8	5	9	6	3	2
3	8	5	2	6	1	4	9	7
6	9	2	3	4	7	8	1	5
7	6	9	4	2	8	3	5	1
4	3	8	1	9	5	2	7	6
5	2	1	6	7	3	9	8	4
2	5	3	9	1	4	7	6	8
9	7	6	5	8	2	1	4	3
8	1	4	7	3	6	5	2	9

Puzzle 19

9	4	5	8	2	7	3	6	1
2	1	3	5	6	9	7	4	8
6	7	8	3	4	1	9	2	5
4	3	1	2	9	5	8	7	6
5	8	6	7	1	3	2	9	4
7	9	2	4	8	6	1	5	3
1	6	4	9	7	8	5	3	2
3	2	7	1	5	4	6	8	9
8	5	9	6	3	2	4	1	7

Puzzle 20

7	4	1	5	6	3	2	9	8
9	5	3	8	2	4	1	6	7
8	2	6	1	9	7	4	5	3
6	8	4	7	5	2	9	3	1
5	3	7	9	1	6	8	4	2
1	9	2	3	4	8	6	7	5
3	6	5	2	8	9	7	1	4
4	1	8	6	7	5	3	2	9
2	7	9	4	3	1	5	8	6

Puzzle 21

1	4	7	8	3	5	6	2	9
6	5	3	7	2	9	1	4	8
8	9	2	1	4	6	7	3	5
9	2	1	4	6	3	5	8	7
5	8	4	2	9	7	3	1	6
7	3	6	5	1	8	4	9	2
2	1	8	6	7	4	9	5	3
4	6	9	3	5	2	8	7	1
3	7	5	9	8	1	2	6	4

Puzzle 22

7	2	4	8	3	9	5	1	6
3	9	5	7	1	6	4	8	2
1	6	8	2	4	5	3	9	7
4	7	2	1	9	3	8	6	5
6	1	9	5	2	8	7	4	3
5	8	3	6	7	4	1	2	9
2	5	1	9	8	7	6	3	4
9	3	7	4	6	1	2	5	8
8	4	6	3	5	2	9	7	1

Puzzle 23

3	4	8	9	2	6	5	1	7
5	7	2	1	3	8	6	4	9
9	6	1	5	4	7	2	8	3
1	2	7	8	9	3	4	5	6
8	9	4	6	7	5	1	3	2
6	3	5	4	1	2	9	7	8
2	1	3	7	5	9	8	6	4
7	5	6	2	8	4	3	9	1
4	8	9	3	6	1	7	2	5

Puzzle 24

2	9	3	4	7	8	1	5	6
6	4	1	2	3	5	7	9	8
5	7	8	9	6	1	3	4	2
4	2	9	8	1	7	6	3	5
8	6	7	5	2	3	4	1	9
1	3	5	6	9	4	8	2	7
9	8	2	1	4	6	5	7	3
7	1	6	3	5	9	2	8	4
3	5	4	7	8	2	9	6	1

Puzzle 25

7	9	6	4	2	1	5	3	8
3	1	4	5	6	8	7	9	2
8	5	2	7	9	3	4	1	6
6	3	5	2	1	9	8	7	4
2	8	1	3	4	7	9	6	5
9	4	7	8	5	6	3	2	1
1	2	8	9	3	5	6	4	7
5	6	3	1	7	4	2	8	9
4	7	9	6	8	2	1	5	3

Puzzle 26

9	5	8	2	3	6	7	4	1
1	3	2	7	4	5	6	8	9
7	4	6	8	1	9	2	5	3
6	9	1	5	7	3	4	2	8
5	8	4	6	9	2	1	3	7
2	7	3	1	8	4	9	6	5
8	6	5	9	2	1	3	7	4
3	1	7	4	6	8	5	9	2
4	2	9	3	5	7	8	1	6

Puzzle 27

9	2	6	4	7	5	1	8	3
7	4	5	8	1	3	2	6	9
1	3	8	9	2	6	7	5	4
6	8	3	2	4	9	5	7	1
4	5	7	1	6	8	9	3	2
2	9	1	3	5	7	8	4	6
5	6	4	7	9	1	3	2	8
3	7	9	6	8	2	4	1	5
8	1	2	5	3	4	6	9	7

Puzzle 28

7	4	2	8	9	6	1	5	3
5	1	6	3	7	2	8	9	4
8	9	3	4	1	5	2	6	7
1	7	4	9	5	3	6	2	8
9	3	8	2	6	4	7	1	5
2	6	5	1	8	7	4	3	9
3	8	1	6	4	9	5	7	2
4	2	7	5	3	1	9	8	6
6	5	9	7	2	8	3	4	1

Puzzle 29

5	3	7	1	9	8	6	4	2
6	1	2	3	4	5	9	8	7
8	4	9	2	7	6	5	3	1
9	2	8	6	3	7	4	1	5
1	7	6	8	5	4	3	2	9
4	5	3	9	1	2	8	7	6
7	6	4	5	2	3	1	9	8
3	8	1	7	6	9	2	5	4
2	9	5	4	8	1	7	6	3

Puzzle 30

5	3	8	6	2	9	7	4	1
9	2	4	7	1	3	5	6	8
6	1	7	5	8	4	2	3	9
2	6	9	1	3	5	8	7	4
3	7	1	8	4	2	6	9	5
8	4	5	9	7	6	3	1	2
4	9	3	2	6	8	1	5	7
7	5	2	3	9	1	4	8	6
1	8	6	4	5	7	9	2	3

Puzzle 31

9	7	6	1	3	8	5	4	2
2	8	4	5	7	6	9	3	1
5	1	3	9	4	2	7	6	8
4	3	9	2	6	1	8	5	7
7	5	1	4	8	9	6	2	3
8	6	2	3	5	7	4	1	9
1	9	7	6	2	5	3	8	4
3	2	5	8	9	4	1	7	6
6	4	8	7	1	3	2	9	5

Puzzle 32

9	3	5	4	7	1	6	8	2
7	8	6	9	2	3	1	4	5
2	4	1	5	8	6	3	9	7
6	5	3	8	4	7	9	2	1
1	9	8	2	6	5	4	7	3
4	7	2	1	3	9	5	6	8
3	6	9	7	5	2	8	1	4
5	2	4	6	1	8	7	3	9
8	1	7	3	9	4	2	5	6

Puzzle 33

7	1	3	4	5	6	8	9	2
6	4	8	2	1	9	7	3	5
2	9	5	8	7	3	1	4	6
3	2	4	9	8	7	6	5	1
5	8	1	3	6	2	4	7	9
9	7	6	5	4	1	3	2	8
1	3	7	6	9	5	2	8	4
8	5	2	1	3	4	9	6	7
4	6	9	7	2	8	5	1	3

Puzzle 34

3	9	2	7	1	4	6	5	8
6	1	7	3	5	8	9	2	4
4	5	8	6	9	2	3	7	1
2	3	1	4	6	5	7	8	9
7	4	6	2	8	9	1	3	5
5	8	9	1	7	3	2	4	6
9	7	4	5	2	1	8	6	3
1	2	3	8	4	6	5	9	7
8	6	5	9	3	7	4	1	2

Puzzle 35

1	6	7	9	3	8	2	5	4
5	8	2	4	6	7	3	9	1
3	9	4	2	1	5	8	6	7
2	1	6	3	8	9	7	4	5
8	5	9	7	4	2	6	1	3
7	4	3	1	5	6	9	2	8
9	3	5	8	2	1	4	7	6
4	2	1	6	7	3	5	8	9
6	7	8	5	9	4	1	3	2

Puzzle 36

6	8	5	2	9	1	4	7	3
2	1	3	7	4	5	8	6	9
4	9	7	3	8	6	1	2	5
3	4	2	5	7	9	6	1	8
9	5	8	1	6	4	7	3	2
7	6	1	8	3	2	9	5	4
8	3	6	9	5	7	2	4	1
1	7	9	4	2	3	5	8	6
5	2	4	6	1	8	3	9	7

Puzzle 37

6	5	3	2	8	7	4	1	9
9	8	7	4	1	3	5	2	6
4	1	2	6	9	5	8	3	7
1	2	4	8	7	9	6	5	3
7	6	5	3	4	2	1	9	8
8	3	9	5	6	1	7	4	2
2	7	6	9	5	4	3	8	1
3	4	8	1	2	6	9	7	5
5	9	1	7	3	8	2	6	4

Puzzle 38

6	7	1	3	4	2	9	8	5
5	4	9	8	1	6	7	3	2
8	3	2	7	5	9	6	1	4
2	1	7	5	6	4	8	9	3
9	5	6	2	3	8	1	4	7
4	8	3	1	9	7	5	2	6
3	9	5	6	2	1	4	7	8
7	2	4	9	8	5	3	6	1
1	6	8	4	7	3	2	5	9

Puzzle 39

7	9	8	2	1	6	5	4	3
3	2	6	4	5	7	1	9	8
5	1	4	3	9	8	6	7	2
6	4	3	7	8	1	2	5	9
1	7	9	6	2	5	8	3	4
8	5	2	9	4	3	7	1	6
2	8	7	5	3	4	9	6	1
4	6	1	8	7	9	3	2	5
9	3	5	1	6	2	4	8	7

Puzzle 40

2	5	6	1	9	7	8	4	3
1	4	8	2	5	3	6	7	9
9	7	3	6	4	8	1	5	2
7	2	4	8	1	5	9	3	6
3	9	1	4	2	6	5	8	7
6	8	5	7	3	9	4	2	1
8	1	2	9	7	4	3	6	5
5	6	9	3	8	2	7	1	4
4	3	7	5	6	1	2	9	8

Puzzle 41

4	5	1	3	8	6	9	7	2
6	9	2	1	7	4	5	3	8
3	7	8	9	5	2	1	4	6
9	2	4	5	6	3	8	1	7
5	8	7	4	2	1	3	6	9
1	3	6	7	9	8	2	5	4
2	1	3	6	4	9	7	8	5
7	4	9	8	1	5	6	2	3
8	6	5	2	3	7	4	9	1

Puzzle 42

4	3	8	1	5	9	2	6	7
1	5	9	6	7	2	4	3	8
7	6	2	8	4	3	9	1	5
8	7	3	5	2	6	1	4	9
5	4	6	9	3	1	8	7	2
9	2	1	4	8	7	6	5	3
2	8	5	3	6	4	7	9	1
3	1	4	7	9	8	5	2	6
6	9	7	2	1	5	3	8	4

Puzzle 43

7	4	5	1	6	9	8	3	2
8	2	6	3	4	7	9	1	5
3	9	1	8	5	2	4	7	6
6	8	9	4	1	3	2	5	7
1	3	7	2	9	5	6	8	4
2	5	4	7	8	6	1	9	3
5	1	3	9	2	4	7	6	8
9	7	2	6	3	8	5	4	1
4	6	8	5	7	1	3	2	9

Puzzle 44

1	6	9	3	8	7	5	4	2
2	8	7	4	5	1	3	6	9
3	5	4	9	6	2	1	8	7
4	7	5	2	3	8	9	1	6
6	3	2	1	4	9	7	5	8
9	1	8	5	7	6	2	3	4
5	2	3	8	9	4	6	7	1
7	4	1	6	2	5	8	9	3
8	9	6	7	1	3	4	2	5

Puzzle 45

9	6	3	7	4	1	2	5	8
1	5	2	8	6	3	7	4	9
4	8	7	5	9	2	1	6	3
5	7	1	4	8	6	9	3	2
2	9	4	3	1	5	6	8	7
8	3	6	2	7	9	5	1	4
6	2	9	1	3	8	4	7	5
3	4	5	6	2	7	8	9	1
7	1	8	9	5	4	3	2	6

Puzzle 46

4	8	3	5	9	7	1	6	2
9	7	5	1	2	6	3	8	4
1	6	2	3	8	4	5	7	9
5	3	4	8	1	9	7	2	6
2	9	8	6	7	5	4	1	3
6	1	7	2	4	3	8	9	5
3	4	1	7	6	2	9	5	8
7	2	9	4	5	8	6	3	1
8	5	6	9	3	1	2	4	7

Puzzle 47

1	3	7	5	2	6	9	8	4
2	9	8	1	7	4	6	3	5
5	4	6	9	3	8	2	1	7
9	6	5	3	4	7	8	2	1
7	8	2	6	5	1	3	4	9
4	1	3	2	8	9	5	7	6
6	2	4	8	1	5	7	9	3
3	5	1	7	9	2	4	6	8
8	7	9	4	6	3	1	5	2

Puzzle 48

3	5	2	6	8	7	1	9	4
1	6	7	9	4	5	8	2	3
4	8	9	1	3	2	5	7	6
2	9	5	3	6	1	7	4	8
6	1	4	7	5	8	2	3	9
8	7	3	4	2	9	6	1	5
7	3	1	8	9	6	4	5	2
5	4	6	2	7	3	9	8	1
9	2	8	5	1	4	3	6	7

Puzzle 49

4	6	2	1	3	8	7	5	9
7	3	1	9	6	5	4	2	8
9	5	8	2	7	4	6	1	3
5	4	6	3	8	7	1	9	2
2	1	7	5	9	6	3	8	4
8	9	3	4	1	2	5	7	6
1	2	4	8	5	3	9	6	7
3	7	5	6	2	9	8	4	1
6	8	9	7	4	1	2	3	5

Puzzle 50

9	1	5	3	8	2	4	7	6
2	3	4	5	6	7	9	1	8
6	8	7	1	4	9	2	3	5
1	6	9	2	5	3	7	8	4
8	4	2	7	9	6	3	5	1
7	5	3	4	1	8	6	2	9
4	2	1	9	3	5	8	6	7
3	9	8	6	7	1	5	4	2
5	7	6	8	2	4	1	9	3

Puzzle 51

2	1	9	6	3	4	8	5	7
6	8	3	7	5	2	9	1	4
4	5	7	8	1	9	2	3	6
1	6	5	4	9	8	7	2	3
8	7	4	3	2	5	6	9	1
9	3	2	1	7	6	4	8	5
5	9	6	2	4	3	1	7	8
7	2	8	5	6	1	3	4	9
3	4	1	9	8	7	5	6	2

Puzzle 52

2	3	8	5	9	1	7	4	6
7	9	1	6	4	8	3	2	5
6	5	4	2	3	7	8	9	1
3	2	7	8	5	4	1	6	9
1	6	9	7	2	3	5	8	4
8	4	5	1	6	9	2	7	3
5	8	6	4	1	2	9	3	7
9	1	2	3	7	6	4	5	8
4	7	3	9	8	5	6	1	2

Puzzle 53

2	7	3	8	1	6	4	9	5
8	5	9	4	3	7	1	6	2
4	1	6	9	5	2	3	7	8
5	3	4	1	9	8	6	2	7
7	2	8	6	4	5	9	3	1
9	6	1	7	2	3	5	8	4
6	4	2	3	8	1	7	5	9
3	9	5	2	7	4	8	1	6
1	8	7	5	6	9	2	4	3

Puzzle 54

5	1	6	4	7	2	8	3	9
4	3	9	6	1	8	2	7	5
8	2	7	9	5	3	4	6	1
2	4	5	7	6	1	3	9	8
1	6	8	3	9	4	5	2	7
7	9	3	8	2	5	6	1	4
9	8	4	2	3	7	1	5	6
3	7	1	5	8	6	9	4	2
6	5	2	1	4	9	7	8	3

Puzzle 55

2	6	3	4	5	1	7	9	8
8	4	9	3	7	6	5	2	1
5	7	1	9	2	8	3	6	4
4	9	8	2	6	3	1	7	5
1	3	6	5	9	7	8	4	2
7	2	5	8	1	4	6	3	9
6	5	4	1	3	2	9	8	7
9	8	7	6	4	5	2	1	3
3	1	2	7	8	9	4	5	6

Puzzle 56

2	4	6	3	5	9	1	7	8
9	1	5	6	7	8	2	3	4
7	8	3	2	1	4	5	6	9
6	5	8	1	9	3	4	2	7
4	2	7	5	8	6	3	9	1
3	9	1	7	4	2	6	8	5
5	6	4	9	3	7	8	1	2
8	7	2	4	6	1	9	5	3
1	3	9	8	2	5	7	4	6

Puzzle 57

9	6	4	2	7	8	3	5	1
2	5	8	3	1	6	9	4	7
1	3	7	4	5	9	6	8	2
7	4	2	6	9	5	8	1	3
6	1	5	8	2	3	7	9	4
3	8	9	7	4	1	5	2	6
5	9	3	1	6	2	4	7	8
4	2	6	5	8	7	1	3	9
8	7	1	9	3	4	2	6	5

Puzzle 58

9	3	7	5	4	1	2	8	6
1	4	2	9	6	8	3	5	7
5	8	6	2	7	3	4	9	1
6	9	5	4	8	7	1	2	3
3	7	8	6	1	2	9	4	5
2	1	4	3	5	9	6	7	8
8	6	9	1	2	5	7	3	4
4	5	3	7	9	6	8	1	2
7	2	1	8	3	4	5	6	9

Puzzle 59

4	8	3	6	2	5	9	1	7
2	5	7	8	9	1	4	3	6
1	6	9	7	4	3	8	5	2
9	2	5	1	7	6	3	8	4
7	1	4	3	8	2	5	6	9
6	3	8	4	5	9	2	7	1
8	4	6	2	3	7	1	9	5
5	7	2	9	1	8	6	4	3
3	9	1	5	6	4	7	2	8

Puzzle 60

8	5	1	4	2	7	3	6	9
3	7	4	5	6	9	1	2	8
9	6	2	1	8	3	5	7	4
7	3	8	6	4	1	2	9	5
2	9	6	3	5	8	4	1	7
1	4	5	7	9	2	8	3	6
5	2	3	8	7	6	9	4	1
4	1	7	9	3	5	6	8	2
6	8	9	2	1	4	7	5	3

Puzzle 61

9	6	2	4	8	7	5	3	1
4	5	7	9	3	1	8	2	6
3	8	1	6	5	2	4	9	7
1	3	5	8	2	9	7	6	4
8	9	4	5	7	6	2	1	3
2	7	6	1	4	3	9	8	5
5	1	9	7	6	8	3	4	2
6	4	3	2	9	5	1	7	8
7	2	8	3	1	4	6	5	9

Puzzle 62

4	3	8	5	6	7	9	1	2
1	6	2	8	4	9	7	3	5
9	7	5	1	2	3	6	8	4
8	5	7	2	9	1	4	6	3
6	9	1	3	7	4	5	2	8
2	4	3	6	5	8	1	7	9
7	2	4	9	8	6	3	5	1
5	1	9	7	3	2	8	4	6
3	8	6	4	1	5	2	9	7

Puzzle 63

1	9	8	2	6	5	7	3	4
7	4	3	1	9	8	2	6	5
6	5	2	7	4	3	8	9	1
2	1	9	5	8	7	6	4	3
4	3	7	6	1	2	5	8	9
8	6	5	4	3	9	1	2	7
9	7	1	3	2	6	4	5	8
3	2	4	8	5	1	9	7	6
5	8	6	9	7	4	3	1	2

Puzzle 64

1	5	9	8	6	2	7	3	4
4	7	6	9	1	3	5	8	2
2	8	3	4	5	7	9	6	1
6	2	4	1	3	9	8	5	7
7	3	5	2	8	6	4	1	9
8	9	1	7	4	5	3	2	6
5	6	7	3	9	1	2	4	8
3	4	2	6	7	8	1	9	5
9	1	8	5	2	4	6	7	3

Puzzle 65

3	1	6	2	7	8	4	5	9
5	4	7	3	9	1	8	6	2
9	8	2	5	4	6	1	3	7
8	7	5	1	3	9	6	2	4
4	3	1	6	5	2	9	7	8
2	6	9	7	8	4	5	1	3
6	9	3	4	2	5	7	8	1
1	2	4	8	6	7	3	9	5
7	5	8	9	1	3	2	4	6

Puzzle 66

7	9	2	3	1	8	5	6	4
1	5	3	9	4	6	7	8	2
8	6	4	2	7	5	9	1	3
9	7	8	6	3	4	2	5	1
2	1	6	8	5	9	4	3	7
4	3	5	1	2	7	8	9	6
6	4	7	5	9	3	1	2	8
5	8	1	4	6	2	3	7	9
3	2	9	7	8	1	6	4	5

Puzzle 67

3	5	9	6	8	1	4	2	7
6	4	1	7	3	2	5	9	8
8	7	2	4	9	5	6	1	3
9	2	4	3	7	8	1	5	6
1	6	8	2	5	4	3	7	9
5	3	7	1	6	9	2	8	4
2	1	3	8	4	7	9	6	5
4	8	5	9	1	6	7	3	2
7	9	6	5	2	3	8	4	1

Puzzle 68

2	3	5	7	6	1	4	8	9
1	9	7	3	4	8	5	2	6
4	6	8	5	9	2	3	1	7
6	2	4	8	7	9	1	5	3
7	8	1	2	3	5	6	9	4
9	5	3	6	1	4	2	7	8
3	1	2	9	8	6	7	4	5
5	7	9	4	2	3	8	6	1
8	4	6	1	5	7	9	3	2

Puzzle 69

1	4	9	5	8	7	6	3	2
8	7	5	6	2	3	1	9	4
6	3	2	9	1	4	7	8	5
5	2	4	3	6	1	8	7	9
7	6	3	8	9	5	4	2	1
9	1	8	7	4	2	5	6	3
3	9	1	4	7	6	2	5	8
2	5	6	1	3	8	9	4	7
4	8	7	2	5	9	3	1	6

Puzzle 70

3	9	6	8	7	2	5	1	4
1	2	8	5	9	4	6	3	7
7	4	5	3	6	1	9	8	2
6	8	1	7	3	5	4	2	9
5	3	4	9	2	6	1	7	8
2	7	9	1	4	8	3	5	6
4	6	3	2	1	7	8	9	5
8	1	7	4	5	9	2	6	3
9	5	2	6	8	3	7	4	1

Puzzle 71

7	4	1	6	2	9	3	5	8
9	5	3	8	1	7	4	6	2
2	8	6	5	4	3	9	1	7
4	6	5	3	8	1	7	2	9
8	1	7	9	6	2	5	3	4
3	9	2	4	7	5	1	8	6
6	7	8	1	5	4	2	9	3
1	3	4	2	9	6	8	7	5
5	2	9	7	3	8	6	4	1

Puzzle 72

5	7	2	8	6	1	9	4	3
3	6	4	9	2	5	1	8	7
9	1	8	7	3	4	5	2	6
2	5	7	1	8	3	4	6	9
6	8	9	2	4	7	3	1	5
1	4	3	6	5	9	2	7	8
4	2	6	3	9	8	7	5	1
8	3	1	5	7	2	6	9	4
7	9	5	4	1	6	8	3	2

Puzzle 73

1	8	5	4	3	7	2	9	6
3	6	2	5	8	9	1	4	7
4	7	9	6	1	2	5	8	3
2	5	1	3	9	6	8	7	4
7	9	6	8	4	5	3	1	2
8	4	3	2	7	1	6	5	9
9	1	8	7	6	3	4	2	5
6	2	7	1	5	4	9	3	8
5	3	4	9	2	8	7	6	1

Puzzle 74

3	2	6	8	7	5	1	9	4
4	5	9	3	1	6	7	8	2
7	1	8	2	9	4	3	5	6
9	7	2	4	5	1	6	3	8
5	4	3	6	8	9	2	7	1
8	6	1	7	2	3	9	4	5
1	9	7	5	4	2	8	6	3
6	8	5	1	3	7	4	2	9
2	3	4	9	6	8	5	1	7

Puzzle 75

3	5	9	6	8	1	7	2	4
4	1	6	7	5	2	3	8	9
7	8	2	9	4	3	1	6	5
9	2	4	8	1	7	5	3	6
1	6	8	5	3	4	2	9	7
5	7	3	2	6	9	4	1	8
6	4	7	1	2	8	9	5	3
2	3	5	4	9	6	8	7	1
8	9	1	3	7	5	6	4	2

Puzzle 76

2	1	5	7	9	8	3	4	6
4	3	8	6	2	5	7	1	9
9	7	6	4	1	3	2	8	5
1	9	3	5	6	7	8	2	4
8	2	7	9	4	1	5	6	3
6	5	4	3	8	2	9	7	1
7	4	2	1	5	9	6	3	8
3	6	9	8	7	4	1	5	2
5	8	1	2	3	6	4	9	7

Puzzle 77

9	5	8	7	6	3	1	4	2
6	2	3	4	9	1	5	8	7
7	1	4	8	2	5	9	3	6
1	3	5	6	4	2	7	9	8
2	4	9	1	8	7	6	5	3
8	7	6	3	5	9	2	1	4
5	9	7	2	3	4	8	6	1
4	8	2	5	1	6	3	7	9
3	6	1	9	7	8	4	2	5

Puzzle 78

7	6	8	5	2	3	9	4	1
3	4	9	1	7	8	2	6	5
5	1	2	4	6	9	8	3	7
9	5	6	8	3	7	4	1	2
4	2	3	6	9	1	7	5	8
8	7	1	2	4	5	3	9	6
2	3	7	9	1	6	5	8	4
1	8	4	3	5	2	6	7	9
6	9	5	7	8	4	1	2	3

Puzzle 79

8	9	3	1	6	7	2	4	5
1	4	2	5	9	8	3	6	7
5	6	7	4	2	3	8	1	9
2	3	8	7	1	6	5	9	4
4	7	1	9	3	5	6	8	2
6	5	9	8	4	2	1	7	3
7	1	6	3	5	9	4	2	8
3	8	4	2	7	1	9	5	6
9	2	5	6	8	4	7	3	1

Puzzle 80

6	8	4	9	5	7	2	1	3
3	7	1	4	2	8	5	9	6
5	9	2	6	1	3	4	8	7
4	2	5	8	9	6	7	3	1
7	1	9	3	4	5	8	6	2
8	6	3	1	7	2	9	4	5
1	5	8	7	3	9	6	2	4
9	3	7	2	6	4	1	5	8
2	4	6	5	8	1	3	7	9

Puzzle 81

5	8	1	9	4	2	6	3	7
9	7	6	3	5	1	4	2	8
4	3	2	7	8	6	1	5	9
1	5	3	4	6	7	9	8	2
7	6	8	2	9	5	3	4	1
2	9	4	8	1	3	7	6	5
3	1	9	5	2	4	8	7	6
6	2	7	1	3	8	5	9	4
8	4	5	6	7	9	2	1	3

Puzzle 82

7	3	9	8	2	5	4	1	6
4	8	2	6	1	9	5	7	3
5	6	1	3	4	7	9	2	8
1	7	4	5	6	3	2	8	9
3	5	8	1	9	2	6	4	7
2	9	6	4	7	8	1	3	5
9	4	3	2	8	6	7	5	1
8	1	7	9	5	4	3	6	2
6	2	5	7	3	1	8	9	4

Puzzle 83

2	4	8	7	5	1	3	6	9
6	3	1	9	2	8	7	4	5
5	7	9	6	4	3	1	8	2
9	5	7	8	3	2	6	1	4
8	1	6	4	9	5	2	7	3
3	2	4	1	7	6	5	9	8
4	6	3	2	8	7	9	5	1
1	8	2	5	6	9	4	3	7
7	9	5	3	1	4	8	2	6

Puzzle 84

7	1	3	2	9	8	6	5	4
8	9	5	4	6	3	7	1	2
2	6	4	1	7	5	3	9	8
1	4	2	3	5	6	9	8	7
5	8	6	7	4	9	2	3	1
9	3	7	8	1	2	5	4	6
6	2	9	5	8	4	1	7	3
3	7	8	9	2	1	4	6	5
4	5	1	6	3	7	8	2	9

Puzzle 85

4	7	1	2	3	8	6	5	9
5	2	8	4	9	6	1	3	7
3	6	9	7	5	1	8	4	2
1	4	6	5	2	7	9	8	3
7	5	3	1	8	9	2	6	4
9	8	2	6	4	3	5	7	1
6	9	4	3	1	5	7	2	8
2	1	5	8	7	4	3	9	6
8	3	7	9	6	2	4	1	5

Puzzle 86

3	1	8	2	4	9	6	5	7
4	6	7	8	5	1	2	3	9
2	9	5	6	7	3	1	4	8
7	2	6	3	9	8	4	1	5
1	5	3	4	2	7	8	9	6
8	4	9	5	1	6	3	7	2
6	7	1	9	8	4	5	2	3
9	8	2	1	3	5	7	6	4
5	3	4	7	6	2	9	8	1

Puzzle 87

9	8	7	1	3	6	4	2	5
6	2	3	5	4	8	1	9	7
4	1	5	9	2	7	8	6	3
1	6	9	2	8	5	7	3	4
2	5	4	7	9	3	6	1	8
7	3	8	6	1	4	2	5	9
8	4	6	3	5	2	9	7	1
5	7	1	8	6	9	3	4	2
3	9	2	4	7	1	5	8	6

Puzzle 88

4	8	1	7	2	5	3	6	9
3	6	9	4	1	8	2	7	5
7	5	2	9	3	6	1	8	4
9	4	8	2	5	3	6	1	7
5	7	6	1	8	9	4	2	3
1	2	3	6	4	7	5	9	8
6	1	5	8	7	4	9	3	2
8	9	4	3	6	2	7	5	1
2	3	7	5	9	1	8	4	6

Puzzle 89

7	3	6	9	4	1	5	8	2
1	5	8	3	6	2	7	4	9
4	2	9	8	7	5	1	6	3
8	6	1	7	9	3	2	5	4
3	9	7	2	5	4	8	1	6
2	4	5	6	1	8	9	3	7
9	7	4	1	8	6	3	2	5
5	1	2	4	3	9	6	7	8
6	8	3	5	2	7	4	9	1

Puzzle 90

1	3	2	6	9	4	5	7	8
7	4	5	2	8	1	9	6	3
8	6	9	5	3	7	4	2	1
2	5	3	7	6	8	1	4	9
9	8	6	1	4	3	7	5	2
4	7	1	9	5	2	3	8	6
6	1	8	4	7	9	2	3	5
3	2	4	8	1	5	6	9	7
5	9	7	3	2	6	8	1	4

Puzzle 91

5	3	8	6	1	7	9	4	2
4	7	1	2	8	9	6	5	3
6	2	9	3	5	4	8	1	7
1	8	2	7	3	5	4	6	9
7	9	5	8	4	6	2	3	1
3	6	4	9	2	1	5	7	8
2	4	6	1	7	8	3	9	5
8	5	7	4	9	3	1	2	6
9	1	3	5	6	2	7	8	4

Puzzle 92

2	1	8	9	3	7	6	5	4
6	7	4	5	2	8	1	3	9
9	5	3	6	4	1	2	7	8
3	4	1	8	7	6	9	2	5
7	8	9	1	5	2	3	4	6
5	6	2	3	9	4	8	1	7
1	2	6	7	8	5	4	9	3
8	3	5	4	1	9	7	6	2
4	9	7	2	6	3	5	8	1

Puzzle 93

1	5	9	6	3	4	2	7	8
6	4	2	5	7	8	1	3	9
3	8	7	1	9	2	4	6	5
8	2	1	3	5	7	6	9	4
4	7	3	9	8	6	5	1	2
5	9	6	4	2	1	3	8	7
7	1	8	2	4	3	9	5	6
2	6	5	8	1	9	7	4	3
9	3	4	7	6	5	8	2	1

Puzzle 94

8	7	1	2	6	4	5	3	9
5	3	4	8	7	9	1	6	2
9	2	6	5	3	1	7	8	4
6	9	5	4	2	8	3	1	7
1	4	7	3	9	5	6	2	8
3	8	2	7	1	6	4	9	5
2	5	8	1	4	3	9	7	6
4	6	3	9	8	7	2	5	1
7	1	9	6	5	2	8	4	3

Puzzle 95

9	2	1	5	4	6	3	7	8
3	5	6	7	8	9	2	4	1
8	7	4	2	1	3	5	9	6
4	8	7	3	9	1	6	5	2
5	1	9	4	6	2	7	8	3
2	6	3	8	5	7	4	1	9
7	9	5	6	2	8	1	3	4
6	3	8	1	7	4	9	2	5
1	4	2	9	3	5	8	6	7

Puzzle 96

6	1	5	3	8	2	4	9	7
4	8	7	9	1	5	3	6	2
9	2	3	7	4	6	8	5	1
1	9	6	5	3	8	2	7	4
7	5	4	1	2	9	6	8	3
2	3	8	4	6	7	9	1	5
5	7	2	8	9	3	1	4	6
8	6	1	2	5	4	7	3	9
3	4	9	6	7	1	5	2	8

Puzzle 97

8	2	9	4	7	1	5	3	6
6	4	5	2	3	8	7	1	9
1	7	3	9	6	5	4	8	2
4	9	6	5	8	2	3	7	1
5	3	8	7	1	9	2	6	4
7	1	2	3	4	6	8	9	5
3	5	4	6	9	7	1	2	8
9	8	7	1	2	4	6	5	3
2	6	1	8	5	3	9	4	7

Puzzle 98

9	1	4	6	5	8	7	2	3
7	2	6	4	3	9	1	5	8
5	3	8	7	1	2	6	9	4
1	6	2	5	8	3	4	7	9
8	9	5	2	7	4	3	1	6
4	7	3	9	6	1	2	8	5
6	4	9	1	2	5	8	3	7
2	8	7	3	9	6	5	4	1
3	5	1	8	4	7	9	6	2

Puzzle 99

1	4	5	6	3	7	2	8	9
3	7	8	9	2	5	4	1	6
9	2	6	4	1	8	5	3	7
5	9	4	8	6	2	1	7	3
2	8	1	5	7	3	9	6	4
6	3	7	1	9	4	8	5	2
4	1	9	7	8	6	3	2	5
7	5	3	2	4	1	6	9	8
8	6	2	3	5	9	7	4	1

Puzzle 100

5	2	1	7	6	9	3	4	8
7	8	6	4	3	2	1	5	9
9	4	3	5	1	8	7	6	2
1	7	2	9	4	6	5	8	3
6	5	4	8	7	3	9	2	1
8	3	9	1	2	5	4	7	6
3	9	8	2	5	7	6	1	4
2	1	7	6	9	4	8	3	5
4	6	5	3	8	1	2	9	7